받아쓰기 마법약

글 송재환

서울교육대학교와 한국교원대학교 대학원을 졸업했습니다. 현재 서울 동산초등학교에서 아이들을 가르치고 있습니다. 지금까지는『초등 1학년 공부, 책읽기가 전부다』『초등 고전읽기 혁명』 등 자녀교육서를 주로 집필했으나, 앞으로는 동화를 많이 쓸 계획입니다. 어린이를 위해 지은 책으로는『엄마, 받아쓰기 해 봤어?』『우리 선생님은 바람둥이』가 있습니다. 이 책이 우리나라의 모든 초등 1학년들의 학교생활을 행복하게 이끌었으면 하는 바람입니다.

그림 송혜선

대학에서 서양화를 전공했습니다. 그림을 공부하던 어느 날, 그림이 쓰이는 것에 대한 매력을 느꼈습니다. 그때 '어쩌면 내 그림이 쓸모 있고 아름답게 쓰일 수 있지 않을까?'라는 고민을 했고 자연스럽게 그림책을 작업하게 되었습니다. 그렇게 긴 시간 동안 그림책의 그림을 그리며 어느덧 두 아이의 엄마가 되어 복닥복닥 살고 있습니다. 그린 책으로는『하느님은 목욕을 좋아해』『쭈글쭈글 주름』『과자를 만드는 집』『거짓말 경연대회』『필리핀 사람이 어때서』 등이 있습니다.

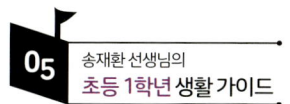

받아쓰기 마법약

받아쓰기는
어렵지 않아요

글 송재환 그림 송혜선

예담
friend

"내일은 받아쓰기 시험을 볼 거예요."
선생님의 말이 떨어지기가 무섭게 내가 물었어요.
"선생님, 받아쓰기가 뭐예요? 하늘도 아니고 왜 바다를 써요?"
친구들이 푸하하하 웃기 시작했어요.
"야, 너는 받아쓰기도 모르냐?"
"유치원 때 받아쓰기 안 해 봤어?"
여기저기서 친구들이 저마다 한 마디씩 했어요.
나는 정말로 받아쓰기가 뭔지 몰라서 그러는 건데
왜 다들 그렇게 난리를 피우는지 모르겠어요.

"받아쓰기는 선생님이 불러 주는 낱말을 받아 적는 시험이란다."
선생님이 내 머리를 쓰다듬으며 친절하게 말했어요.
"정말요? 저는 아직 한글도 잘 모르는데요?"
받아쓰기를 걱정하는 나를 보며 선생님은 다정하게 말했어요.
"걱정하지 말렴. 선생님이 열 개의 낱말을 미리 알려 줄 테니
그것만 공부하면 된단다."
"휴, 다행이다."

열 개의 낱말을 미리 알려 줄 테니

MAGIC 약국 MAGIC 약국

약

하늘제약

그나마 다행이라고 생각했어요.
선생님이 알려 준 낱말만 공부하면 되니까요.
그래도 쉽지는 않을 것 같아요.
시험 걱정에 갑자기 배가 살살 아파 왔어요.
받아쓰기는 내 배를 아프게 만드는 **마법약** 같다는 생각이 들었어요.

"학교 다녀왔습니다."
"하늘이 왔니? 근데 왜 그렇게 축 처졌어?"
힘없이 들어오는 나를 보며 엄마는 걱정스러운 듯이 물었어요.
"내일 받아쓰기 시험 본내요."
"정말?"
엄마는 깜짝 놀라서 되물었어요.
"그럼 빨리 공부해야겠다."
엄마는 다급한 목소리로 말했어요.

"엄마, 오늘 나랑 영화 보러 간다고 했잖아요."
"지금 그게 문제가 아니란다. 받아쓰기가 훨씬 중요하단다."
여전히 받아쓰기가 뭔지는 잘 모르겠지만
엄마가 호들갑을 떠는 것을 보니 중요하긴 중요한가 봐요.

"자, 지금부터 엄마가 불러 주는 낱말을 공책에 적어 봐."
"알았어요. 불러 주세요."
나는 썩 내키지 않았지만 책상에 앉았어요.
"선생님."
나는 엄마 말을 듣고 공책에 한 글자 한 글자 또박또박 썼어요.
'성생님'

엄마는 내가 쓴 것을 보고는 눈을 동그랗게 떴어요.
"성생님이 아니라 선생님."
"엄마가 불러 준 대로 성생님이라고 썼잖아요."
엄마는 어이없다는 듯이 나를 째려보았어요.

그냥 소리 나는 대로 쓰면 편할 텐데...

"하늘아, 받아쓰기는 소리 나는 대로 쓰는 게 아니라
맞춤법에 맞게 써야 하는 거야."
"맞춤법이 뭔데요?"
나의 질문에 엄마는 한동안 말을 잇지 못했어요.
그러더니 침을 한 번 꼴깍 삼키고 나서 이렇게 말했어요.
"선생님을 성생님이라고 쓰면 소리 나는 대로 쓰는 거지만,
선생님이라고 쓰면 맞춤법에 맞게 쓰는 거란다."
"왜 그렇게 복잡해요? 그냥 소리 나는 대로 쓰면 편할 텐데……."

　　나의 볼멘소리를 듣던 엄마가 말했어요.

　　"안 되겠다. 일단 선생님이 알려 준 낱말 열 개를 열 번씩 써 봐."

"네? 열 번씩이나요? 그러다 제 팔 빠지면 어떡해요?"

엄마는 내 머리를 쥐어박는 시늉을 하면서 말했어요.

"이 녀석이 하기 싫으니까 별 걱정을 다 하는구나.

잔말 말고 빨리 열 번씩 쓰세요."

엄마는 이 말을 남기고 방에서 나가 버렸어요.

받아쓰기 마법약은 엄마를 마귀할멈으로 만드는 효과도 있나 봐요.

나는 할 수 없이 엄마 말대로 낱말을 열 번씩 쓰기 시작했어요.
선생님, 친구, 나, 너, 우리, 학교, 교실, 가족, 어머니, 아버지.
그중에서 나, 너, 우리 같은 낱말은 이미 알고 있었어요.
하지만 선생님, 친구 같은 낱말은 소리 나는 대로만 알고 있었어요.
선생님은 성생님, 친구는 칭구로 알고 있었어요.
내 귀에는 분명 성생님과 칭구로 들리는데,
왜 선생님과 친구로 써야 하는지 잘 모르겠어요.

하지만 어쩔 수 없어요.

받아쓰기 시험을 보려면 맞춤법에 맞게 연습하는 수밖에요.

받아쓰기 때문에 좋아하는 영화도 못 보러 가고

평소보다 늦은 시간까지 공부를 해야 했어요.

엄마한테 혼도 많이 났어요.

받아쓰기 마법약에는

나를 정말 힘들게 하는 성분이 잔뜩 들은 것 같네요.

3

"자, 지금부터 받아쓰기 시험을 볼 거예요."
"선생님, 잠깐만요."
받아쓰기 시험을 본다는 선생님의 말에 친구들은 여기저기서
잠깐만 기다려 달라며 난리가 났어요.
"선생님이 불러 주는 낱말을 공책에 받아 적으세요.
글씨는 또박또박 써야 합니다."
드디어 받아쓰기 시험이 시작되었어요.

망했다…!!!

"1번 부를게요. 친구."

"선생님 뭐라구요? 다시 불러 주세요."

친구들은 문제를 다시 불러 달라고 아우성을 쳤어요.

"선생님이 불러 줄 때 잘 들으세요. 딱 한 번만 더 불러 줄 거예요. 친구."

이렇게 선생님이 낱말을 부르면 우리는 공책에 열심히 받아 적었어요.

어떤 친구들은 너무 쉬운지 환호성을 야호 질렀어요.

어떤 친구들은 잘 모르겠는지 연필만 쪽쪽 빨았어요.

"자, 마지막 10번 문제예요. 어 머 니."

다시 불러 주세요~!

나는 다행히 1번부터 10번까지
선생님이 불러 주는 낱말을 모두 쓸 수 있었어요.
"다 쓴 사람은 머리에 손을 올리세요."
드디어 받아쓰기 시험이 끝났어요.
나는 내가 다 맞혔을지 아니면 틀렸을지 정말 궁금했어요.
받아쓰기 마법약은
나를 궁금하게 만드는 재주도 있나 봐요.

"지금부터 선생님이 받아쓰기 공책을 나눠 줄 거예요.
집에 가서 부모님한테 확인을 받아 오면 됩니다.
틀린 문제는 다섯 번씩 써 오세요."
선생님은 한 명 한 명 아이들의 이름을 부르기 시작했어요.
"김서진."
"네."
"참 잘했구나."

"박도경."
"네."
"좀 더 열심히 하면 좋겠구나."
선생님은 어떤 친구는 잘했다며 머리를 쓰다듬었고,
어떤 친구는 좀 더 열심히 하라며 머리를 쓰다듬었어요.

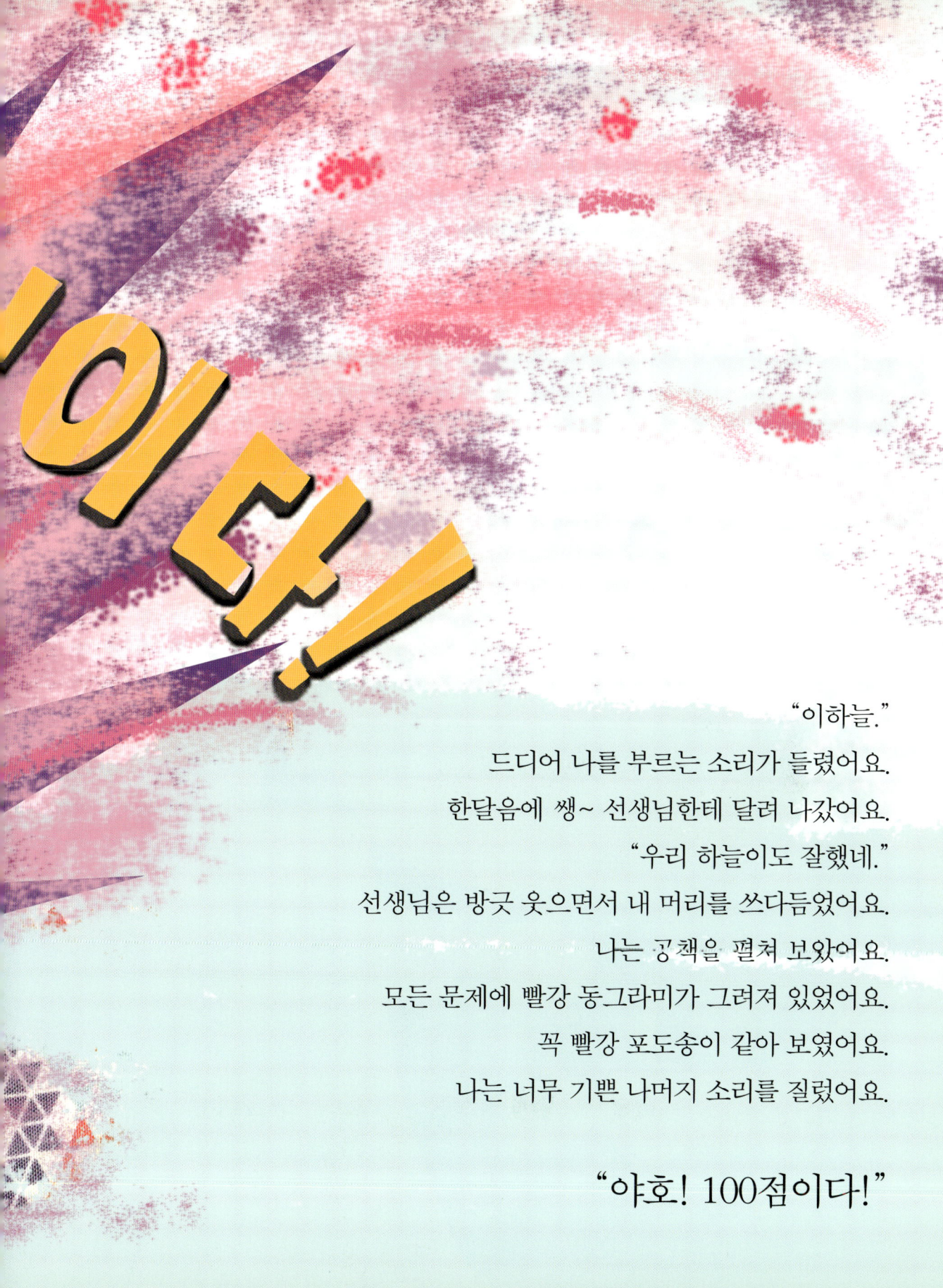

"이하늘."
드디어 나를 부르는 소리가 들렸어요.
한달음에 쌩~ 선생님한테 달려 나갔어요.
"우리 하늘이도 잘했네."
선생님은 방긋 웃으면서 내 머리를 쓰다듬었어요.
나는 공책을 펼쳐 보았어요.
모든 문제에 빨강 동그라미가 그려져 있었어요.
꼭 빨강 포도송이 같아 보였어요.
나는 너무 기쁜 나머지 소리를 질렀어요.

"야호! 100점이다!"

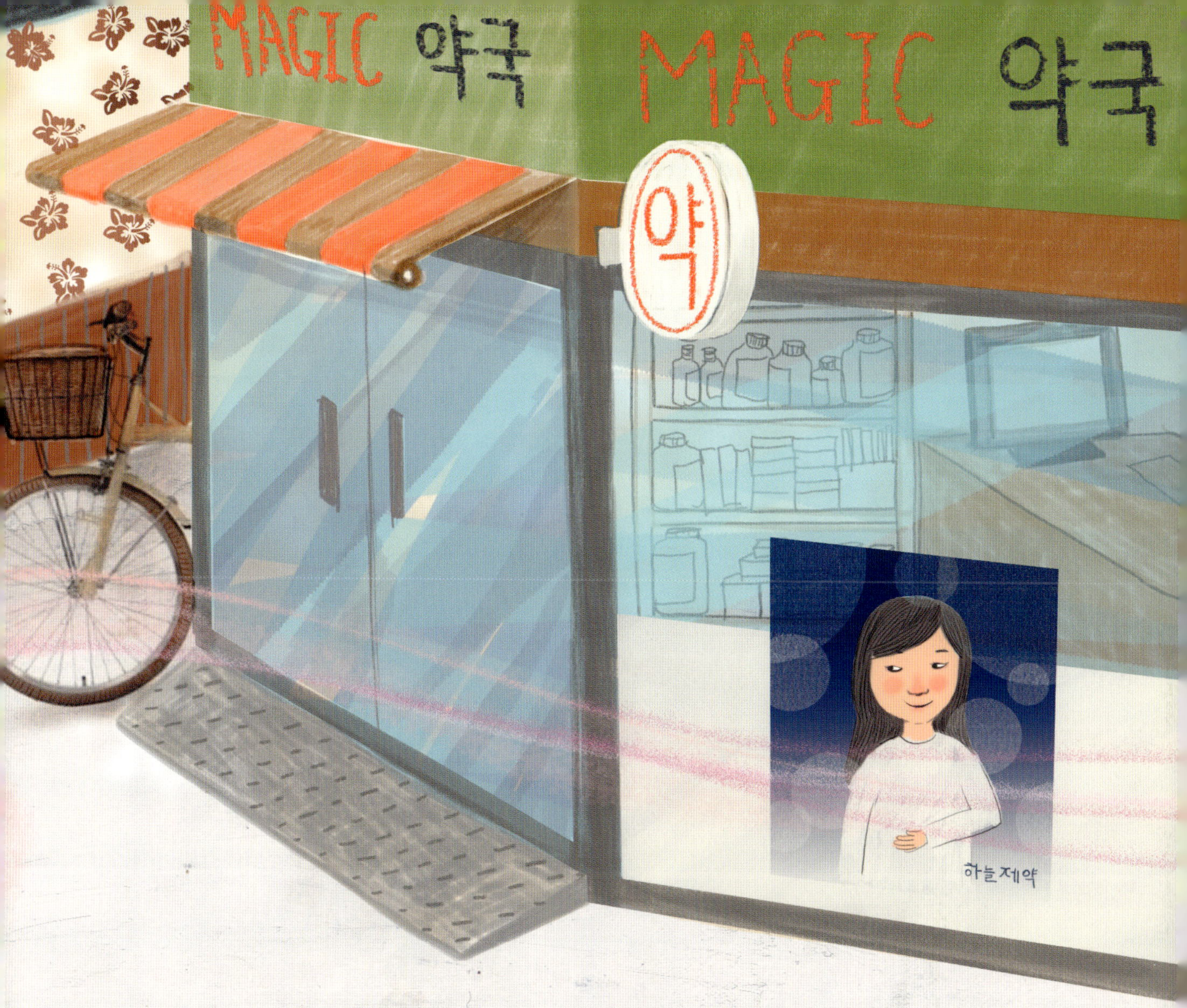
MAGIC 약국
MAGIC 약국
약
하늘제약

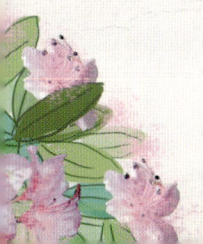

어제 밤늦게까지 힘들게 공부한 보람이 있어서 좋았어요.
내 점수를 보며 기뻐할 엄마를 생각하니 기분이 더욱 좋았어요.
집으로 돌아가는 발걸음이 자꾸 빨라지고 날아갈 것만 같았어요.
받아쓰기 마법약에는 나쁜 것만 들어 있는 줄 알았어요.
그런데 이제 보니 나를 정말 신나게 하는 성분도 들어 있나 봐요.
받아쓰기 마법약을 잘 사용하면
학교를 더 즐겁게 다닐 수 있을 것 같아요.

똑똑한 **1학년**

초등학교에 입학해서 만나게 되는 가장 힘든 일 중 하나가 바로 받아쓰기 시험일지도 모릅니다. 받아쓰기 시험은 보기 전에 공부를 열심히 해야 좋은 결과를 얻을 수 있습니다. 받아쓰기 시험을 볼 때는 너무 떨지 말고 선생님의 말에 귀를 기울이세요. 그래야 아는 문제를 잘 맞힐 수 있답니다. 동화의 주인공 하늘이처럼 말이지요. 여러분은 예쁘고 멋지고 똑똑하니까 잘할 수 있을 거예요. 그리고 받아쓰기를 주제로 부모님과 함께 이야기를 나눠 보세요.

상황 ①

받아쓰기 시험을 보기 전에 반드시 준비물 세 가지(공책, 연필, 지우개)를 미리 준비해 두어야 합니다. 그렇지 않으면 당황하게 되어 아는 문제도 틀릴 수 있습니다.

선생님 : 여러분 받아쓰기 준비물 세 가지, 공책, 연필, 지우개 준비 다 되었나요?
아이 : 네, 선생님!

상황 ②

받아쓰기 시험 시간에는 선생님이 불러 주는 낱말을 귀 기울여 잘 들어야 합니다. 혹시 잘 못 들었을 때는 선생님에게 다시 한 번 불러 달라고 해야 합니다.

아이 : 선생님, 잘 못 들었는데 한 번만 더 불러 주세요.
선생님 : 그래. 다음부터는 선생님이 부를 때 잘 들으렴.

상황 ③

받아쓰기 시험 시간에는 떠들면 안 됩니다. 친구들이 선생님의 목소리를 잘 듣지 못하기 때문입니다.

> **아이①** : ○○아, 네가 떠드니까 선생님 목소리가 잘 안 들리잖아.
> **아이②** : 미안해. 이제부터 조용히 할게.

상황 ④

받아쓰기 시험에서 100점을 받았다고 지나치게 잘난 척하면 친구들이 싫어합니다. 겸손할수록 친구들과 좋은 관계를 맺을 수 있습니다.

> **아이①** : 넌 이번에도 100점이구나. 좋겠다, 정말 부러워! 난 60점인데…….
> **아이②** : 너도 다음에는 100점 받을 수 있을 거야. 우리 함께 열심히 공부하자!

상황 ⑤

받아쓰기 시험 결과가 좋지 않다고 해서 크게 실망할 필요는 없습니다. 지금부터 열심히 해서 다음번에 좋은 성적을 받으면 됩니다.

> **부모님** : 이번 받아쓰기 시험은 결과가 별로 좋지 않구나.
> **아이** : 엄마(아빠), 다음에는 열심히 해서 꼭 좋은 점수 받을게요.

부모님께

초등학교 1학년 남자아이가 와서 묻습니다.

"선생님, 받아쓰기보다 더 어려운 시험도 있어요?"
"그럼."
"정말요? 거짓말이죠?"
"아닌데. 정말인데……."
"아, 난 죽었다. 어떻게 받아쓰기보다 어려운 시험이 세상에 있냐?"

비단 이 아이뿐이겠습니까? 받아쓰기는 1학년 아이들에게 '어쩔 수 없는 벽'과 같은 존재입니다. 세상에 태어나서 처음으로 겪어 보는 가장 어렵고 심각하며 인생의 쓴맛을 느끼게 하는 관문이기 때문입니다. 그래서인지 1학년 아이들에게 받아쓰기는 단순한 시험 그 이상의 의미가 있습니다. 그리고 아이뿐만 아니라 부모도 받아쓰기에서 자유롭지 못합니다. 대다수의 부모가 한 번 뒤떨어지면 계속 뒤떨어진다고 생각하기 때문에 다른 것은 예외로 두더라도 받아쓰기 시험에는 집착을 하곤 합니다.

『받아쓰기 마법약』은 이처럼 중요한 받아쓰기를 주제로 한 동화입니다. 이야기가 현실과 너무 닮아서 마치 다큐멘터리를 한 편 보는 것 같은 착각이 들 정도입니다. 아이가 받아쓰기를 마법약이라고 생각하는 것은 받아쓰기를 대하는 아이의 복잡한 마음을 있는 그대로 보여줍니다.

받아쓰기와 관련해 부모님들에게 꼭 강조하고 싶은 내용은 받아쓰기를 단순한 시험으로만 보지 말아 달라는 것입니다. 대부분의 부모님들은 받아쓰기 시험을 한글을 얼마나 완벽하게 깨우쳤는지 가늠하는 척도 정도로만 생각하는 경향이 있습니다. 하지만 받아쓰기는 그렇게 단순한 시험이 아닙니다. 받아쓰기는 아이의 학교생활을 전체적으로 가늠해 볼 수 있는 것으로서 손색이 없습니다. 눈에 보이는 점수만 보지 않길 바랍니다. 그 뒤에 숨어 있는 아이의 모습 및 문제까지 볼 줄 아는 통찰력 있는 부모님이 되기를 기대합니다.

받아쓰기와 관련해 부모가 꼭 알아야 할 것들

◆ 받아쓰기 시험은 쓰기 시험이 아니라 듣기 시험입니다. 받아쓰기 점수와 듣기 태도 점수가 거의 일치합니다.

◇ 받아쓰기 시험은 준비성 테스트입니다. 실제 학교 현장에서는 늦게 들어온 아이, 공책을 안 갖고 온 아이, 연필이 없는 아이, 물 마시러 다니는 아이, 지우개 빌리러 다니는 아이 등으로 인해 시험을 곧바로 시작하지 못하는 경우가 빈번합니다.

◆ 교사가 알려 준 낱말이나 문장만을 공부하면 안 됩니다. 그보다 먼저 국어 교과서 해당 단원의 본문을 소리 내어 읽어 봐야 합니다. 그래야 받아쓰기 시험에 나오는 낱말이나 문장이 어떤 맥락에서 비롯되었는지를 정확히 알 수 있고 맞힐 확률이 높아집니다.

◇ 받아쓰기 시험 결과에 대한 상벌은 되도록 분명히 해야 합니다. 점수의 높고 낮음에 상관없이 왜 그런 결과가 나왔는지 따져 보고 이에 대한 적절한 상벌을 주는 편이 좋습니다.

국립중앙도서관 출판시도서목록(CIP)

받아쓰기 마법약 / 글: 송재환 ; 그림: 송혜선. — 고양 :
위즈덤하우스, 2016   p. ;   cm. — (송재환 선생님의 초
등 1학년 생활 가이드 ; 05)

ISBN 979-11-86117-66-8 14590 : ₩11000
ISBN 979-11-86117-61-3 (세트) 14590

초등 교육[初等敎育]
받아 쓰기

375.225-KDC6
371.8-DDC23   CIP2016029217

송재환 선생님의
초등 1학년 생활 가이드 **05**

받아쓰기 마법약

초판 1쇄 인쇄 2016년 12월 12일 초판 1쇄 발행 2016년 12월 26일

글 송재환 그림 송혜선
펴낸이 연준혁

출판 1분사
편집장 한수미
책임편집 최유진 디자인 함지현
기획분사 박경아

펴낸곳 (주)위즈덤하우스 출판등록 2000년 5월 23일 제13-1071호
주소 경기도 고양시 일산동구 정발산로 43-20 센트럴프라자 6층
전화 031)936-4000 팩스 031)903-3891 홈페이지 www.wisdomhouse.co.kr

값 11,000원   ⓒ송재환·송혜선, 2016
ISBN 979-11-86117-66-8 14590
ISBN 979-11-86117-61-3 14590(세트)

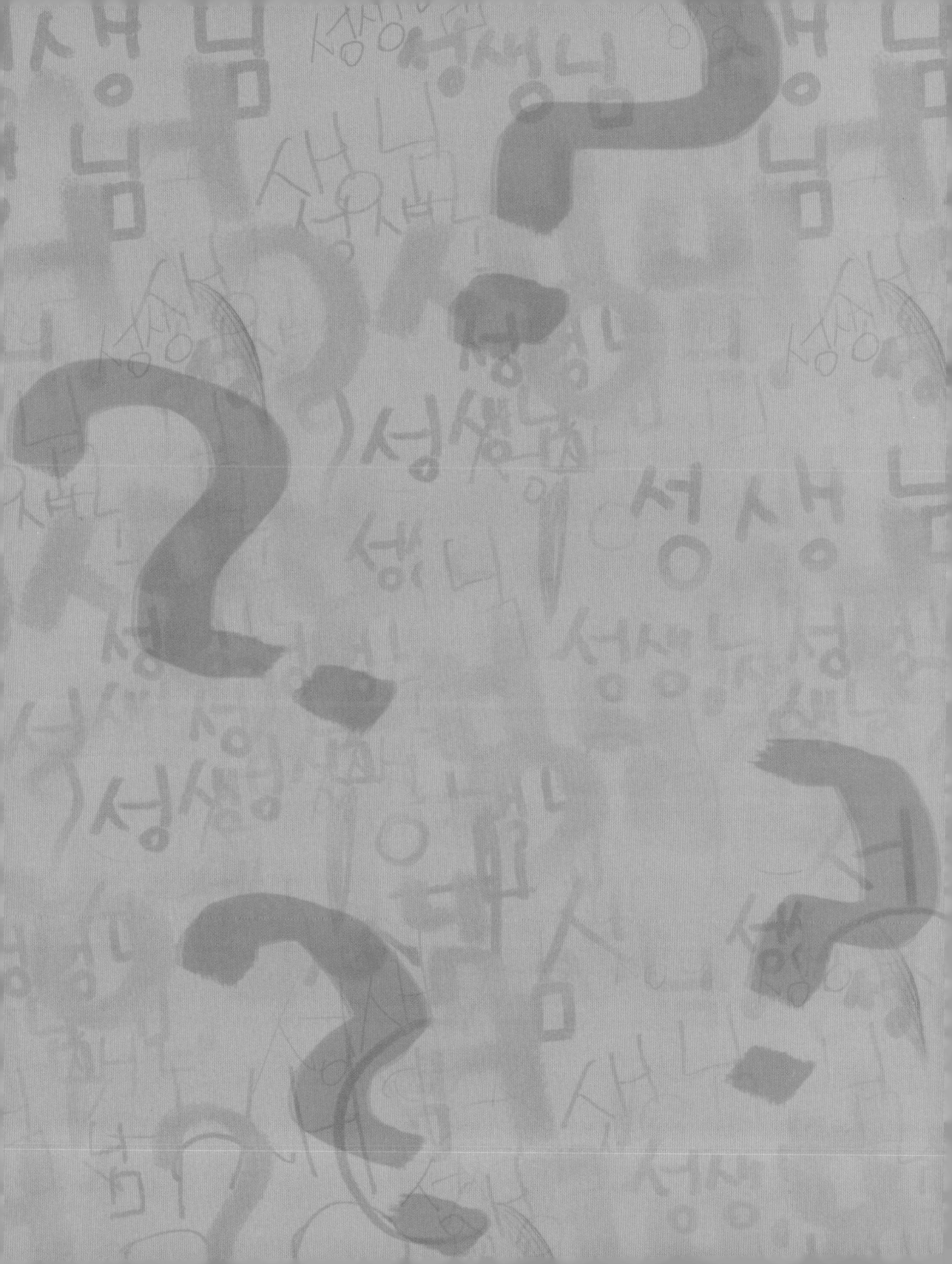